essentials

essentials liefern aktuelles Wissen in konzentrierter Form. Die Essenz dessen, worauf es als „State-of-the-Art" in der gegenwärtigen Fachdiskussion oder in der Praxis ankommt. *essentials* informieren schnell, unkompliziert und verständlich

- als Einführung in ein aktuelles Thema aus Ihrem Fachgebiet
- als Einstieg in ein für Sie noch unbekanntes Themenfeld
- als Einblick, um zum Thema mitreden zu können

Die Bücher in elektronischer und gedruckter Form bringen das Expertenwissen von Springer-Fachautoren kompakt zur Darstellung. Sie sind besonders für die Nutzung als eBook auf Tablet-PCs, eBook-Readern und Smartphones geeignet. *essentials:* Wissensbausteine aus den Wirtschafts-, Sozial- und Geisteswissenschaften, aus Technik und Naturwissenschaften sowie aus Medizin, Psychologie und Gesundheitsberufen. Von renommierten Autoren aller Springer-Verlagsmarken.

Weitere Bände in der Reihe http://www.springer.com/series/13088

Dietmar Goldammer

Personalmanagement in Zeiten des Fachkräftemangels

Schnelleinstieg für Architekten und Bauingenieure

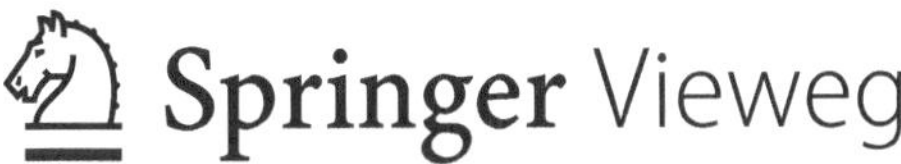

Dietmar Goldammer
Düsseldorf, Deutschland

ISSN 2197-6708   ISSN 2197-6716   (electronic)
essentials
ISBN 978-3-658-27370-5   ISBN 978-3-658-27371-2   (eBook)
https://doi.org/10.1007/978-3-658-27371-2

Die Deutsche Nationalbibliothek verzeichnet diese Publikation in der Deutschen Nationalbibliografie; detaillierte bibliografische Daten sind im Internet über http://dnb.d-nb.de abrufbar.

Springer Vieweg
© Springer Fachmedien Wiesbaden GmbH, ein Teil von Springer Nature 2019

Springer Vieweg ist ein Imprint der eingetragenen Gesellschaft Springer Fachmedien Wiesbaden GmbH und ist ein Teil von Springer Nature.
Die Anschrift der Gesellschaft ist: Abraham-Lincoln-Str. 46, 65189 Wiesbaden, Germany

Was Sie in diesem *essential* finden können

- Die Beschreibung des neuen Arbeitsmarktes
- Die (neuen) Zielgruppen für das Recruiting
- Die „Marke" für das Employer Branding
- Eine neue Qualität der Führung
- Mile Stones zur Personalbindung

Inhaltsverzeichnis

Einführung

1

Gesellschaftlicher Wandel, Werteorientierung, Umweltschutz, Energiesparsamkeit, Digitalisierung und neue Formen der Zusammenarbeit machen auch vor den Architekten[1] und Ingenieuren nicht halt. Im Weiterbildungsprogramm des Schweizerischen Ingenieur- und Architektenvereins gibt es ein Thema, das diese Situation besonders treffend zum Ausdruck bringt: „Planungsbüros am Wendepunkt". Auch die Planungsbüros spüren den Fachkräftemangel. Eine neue Herausforderung ist deshalb das Personalmanagement. Was nutzen volle Auftragsbücher, wenn man keine Mitarbeiter bekommt, die diese Aufgaben übernehmen können. Wohl deshalb werben manche Planungsbüros im Internet bereits dann um neue Mitarbeiter, wenn z. Zt. noch kein akuter Bedarf gegeben ist.

Auch sonst hat sich in den Büros bereits einiges geändert. Es wird immer üblicher, dass auch Mitarbeiter die Aufgabe des Projektleiters übernehmen. Es herrscht mehr Transparenz im Unternehmen, die Buchhaltung ist keine Geheimwissenschaft mehr, und wenn es eine Erfolgsbeteiligung gibt, dann bitte für alle, nicht nur für die Projektleiter. Der Unterschied zwischen Technikern und Kaufleuten ist geringer geworden, weil die Kaufleute mehr in die Projektarbeit einbezogen werden. Sekretariat war gestern.

Teilzeitjobs, Homeoffice und Vertrauensarbeitszeit halten auch bei immer mehr Planungsbüros Einzug. Früher wurde darüber diskutiert, welcher Führungsstil (von autark bis autonom) in einem Unternehmen richtig ist. Es wurde darüber gestritten, wie die Hierarchie gestaltet werden sollte und Aufgabe der Inhaber war es, die Mitarbeiter zu Leistungen zu befähigen, die sie von allein nicht

---

[1]Wenn die männliche Form eines Wortes genutzt wird, hat das ausschließlich eine bessere Lesbarkeit als Anlass. Es sind natürlich gleichermaßen alle Geschlechter gemeint.

© Springer Fachmedien Wiesbaden GmbH, ein Teil von Springer Nature 2019
D. Goldammer, *Personalmanagement in Zeiten des Fachkräftemangels,*
essentials, https://doi.org/10.1007/978-3-658-27371-2_1

erbringen würden. Es gab starre Arbeitszeiten, die mancherorts mit Stechuhren kontrolliert wurden, und damit die Mitarbeiter nichts falsch machen konnten, gab es Anweisungen, dass mit wichtigen Kunden nur der Chef sprechen oder telefonieren darf. Viele Mitarbeiter wussten nur, was sie an einem Tag oder in einer Woche machen sollten, ohne über den Erfolg, eher noch über den Misserfolg informiert zu werden. Weiterbildung für Mitarbeiter wurde nur in großen Unternehmen angeboten, aber nicht in kleinen und mittleren. Auf eine ausgeschriebene Stelle bewarben sich mehrere Kandidaten und das betreffende Unternehmen konnte sich für den besten oder die beste entscheiden. Alles das gibt es nicht mehr. Heute haben es die Unternehmen mit der Generation Y zu tun, bei der der Begriff „Vorgesetzter" schon Bauchschmerzen erzeugt.

Früher war die Stellenanzeige das wohl wichtigste Instrument der Personalauswahl, heute ist sie ein Mittel, Bewerber für einen Job anzusprechen. Die Jobausschreibung muss deshalb exakt sowie realistisch sein und wird damit zu einem Aushängeschild für das Unternehmen. Bewerber interessieren sich heute nicht nur für das Gehalt, sondern auch für Entwicklungs- und Weiterbildungsmöglichkeiten und sie wollen wissen, wie im Unternehmen kommuniziert wird. Wer interessierte Bewerber auf sich aufmerksam machen möchte, muss sich etwas einfallen lassen. Auch die kleineren Arbeitgeber sollten darüber nachdenken und z. B. ihr Unternehmen mithilfe einer Video-Präsentation vorstellen.

Wie wichtig das Thema „Mitarbeiter finden" und Mitarbeiter halten inzwischen auch in der Wirtschaft insgesamt geworden ist, kann man u. a. auch daran erkennen, dass der SPIEGEL es zum Titel erhoben hat [1]. Interessant ist dabei auch, dass diese Entwicklung mehr den kleineren Unternehmen entgegen kommt, weil es dort einige Änderungen bereits gibt, z. B. keine Hierarchien, Arbeitszeitflexibilität, womit auch der ewige Nachteil „Gehalt" in der Personalpolitik gemindert wird. Allerdings muss dies das Unternehmen auch entsprechend kommunizieren, denn sonst weiß das ja keiner. Und zum Grundgerüst für das Personalmanagement kann ich auf die Bücher „Betriebswirtschaft für Architekten und Bauingenieure" [2] sowie „Wirtschaftliche Unternehmensführung im Architektur- und Ingenieurbüro" [3] hinweisen.

Personalbeschaffung 2

2.1 Bestandsaufnahme

Wenn man etwas für die Zukunft bewegen will, dann erscheint es zunächst sinnvoll festzustellen, was man bereits hat, bzw. durch entsprechende Fragestellungen die notwendigen Schritte dafür zu erkennen. Vielleicht haben Sie ja auch schon mal den Ausspruch gehört, „wer fragt, der führt". In diesem Sinne schlage ich vor, sich folgende fachliche und persönliche Fragen zu Ihrem Unternehmen zu stellen und zu beantworten:

- Haben alle Beschäftigten einen Arbeitsvertrag?
- Gibt es eine Erfolgsbeteiligung bzw. Sonderzahlungen?
- Wie ist die Arbeitszeit geregelt?
- Werden Mitarbeitergespräche mit Zielvereinbarungen geführt?
- Gibt es Mitarbeiter mit Zusatzqualifikationen (z. B. Sigeko)?
- Welchen Führungsstil pflegen Sie?
- Gibt es einen Paten für einen neuen Kollegen?
- Haben Sie Mitarbeiter in Außenstellen mit Personalverantwortung?
- Gibt es Mitarbeiter, die bei einem Ausscheiden nur schwer ersetzbar wären?
- Wie findet die Weiterbildung statt?
- Werden auch Inhouse-Workshops veranstaltet?
- Gibt es Angebote zur Aufrechterhaltung der Fitness der Mitarbeiter?
- Wird es in den nächsten fünf Jahren altersbedingte Ausscheidungen geben?
- Ist ein Mitarbeiter Mitglied einer Verbandsorganisation?
- Haben die Mitarbeiter auch privat Kontakt untereinander?
- Haben Sie Mitarbeiter, die mit anderen Partnern zusammen arbeiten müssen?
- Gibt es bereits jemand, der oder die als Partner oder Nachfolger infrage käme?

© Springer Fachmedien Wiesbaden GmbH, ein Teil von Springer Nature 2019   3
D. Goldammer, *Personalmanagement in Zeiten des Fachkräftemangels,*
essentials, https://doi.org/10.1007/978-3-658-27371-2_2

- Besteht die Möglichkeit, zusätzliche Versorgungsleistungen zu erlangen?
- Beschäftigen Sie auch Freie Mitarbeiter?
- Hat es schon Versuche gegeben, einen Mitarbeiter abzuwerben?
- Haben Sie schon Erfahrungen mit Head Huntern gemacht?

Damit haben wir bereits einen ersten Überblick davon, um was es in diesem *essential* gehen wird und Sie erkennen bei sich wahrscheinlich sowohl Stärken als auch Schwächen.

2.2 Arbeitsmarkt

Beginnen wir mit dem (neuen) Arbeitsmarkt, und hier kann man den Wandel wohl am deutlichsten erleben. Während sich die Mitarbeiter früher bei einem Unternehmen beworben haben, bewerben sich heute die Unternehmen bei einem potenziellen Mitarbeiter, und sie können – wenn überhaupt einer kommt – froh sein, wenn der oder die wenigstens 70 % der erwarteten Qualifikation mitbringt.

Geändert hat sich auch das Verhältnis der Mitarbeiter zu ihrem Unternehmen. Sie mögen zwar die Familienfreundlichkeit und die Kontakte zu den Kollegen auch außerhalb des Unternehmens. Aber lebenslange Treue halten sie ihrem Unternehmen trotzdem nicht. Deshalb sollten auch die Inhaber der Planungsbüros sich nicht wundern, dass die Gefahr der Abwerbung ihrer qualifizierten Mitarbeiter durch andere Unternehmen größer geworden ist. Und besser wird der Fachkräftemangel in naher Zukunft auch nicht, im Gegenteil, wird das Angebot am Arbeitsmarkt durch die bald in Rente gehenden sog. Baby Boomer noch knapper, und Angst vor Arbeitslosigkeit hat heute kaum noch jemand.

Allerdings sollte man den veränderten Arbeitsmarkt auch weniger pauschal betrachten. So gibt es regionale Unterschiede, die in unterschiedlichen Arbeitslosenquoten zum Ausdruck kommen. Sonst wäre kaum erklärlich, dass ein Planungsbüro in einer ländlichen Gegend 120 Mitarbeiter bekommt und auch behält, während ein Architekt am Bodensee, wo andere Urlaub machen, keinen Nachfolger findet. Wichtig ist bei der Personalbeschaffung offenbar nicht nur der Standort, sondern auch die Erzeugung von Aufmerksamkeit. Nur die freie Stelle im Internet, wie früher in einer Zeitungsanzeige anzubieten, ohne zu erklären, was den neuen Mitarbeiter erwartet, reicht nicht mehr.

Der Standort hat in manchen Fällen ganz pragmatische Gründe und auch diese haben mit dem Fachkräftemangel zu tun. Wenn es genügend Jobs vor Ort gibt, braucht ein Jobwechsler nicht umziehen, um das für ihn passende Angebot zu finden, und das Problem, dass eine bezahlbare Wohnung am neuen Standort kaum zu finden ist, tritt nicht ein.

2.3   Zielgruppen

Was also kann man an diesem neuen Arbeitsmarkt tun, um bei der Personalbeschaffung dennoch erfolgreich zu sein? Eine Möglichkeit besteht jedenfalls darin, in Zukunft stärker auf Arbeitskräfte zurück zu greifen, die sich aus unterschiedlichen Gründen aus dem Berufsleben zurückgezogen haben, aber gerne wieder einsteigen möchten. Noch nie war der Anteil an erwerbstätigen Frauen so hoch wie heute, noch nie gab es so viel Teilzeitbeschäftigte, noch nie waren so viel jüngere Rentner auch nach ihrer Verrentung zumindest teilweise noch tätig, noch nie haben so viele Väter die Elternzeit wahrgenommen. Diese Gruppen stellen ein Potenzial für den Arbeitsmarkt dar. Ich denke dabei besonders an die jungen Ingenieurinnen in den Planungsbüros, die nach der Geburt eines Kindes aus dem Berufsleben ausgeschieden waren, nun aber wieder gerne eine Teilzeitbeschäftigung übernehmen würden und vielleicht nur darauf warten, angesprochen zu werden. Dies bringt den Vorteil mit sich, dass sie ihr früheres Unternehmen, die Kunden, die Kollegen und die „Eigenarten" des Chefs noch kennen. Dass dieses Potenzial inzwischen auch branchenübergreifend eine wichtige Rolle spielt, erkennt man daran, dass z. B. der Kreis Mettmann in der Nachbarschaft von Düsseldorf mit dem „Netzwerk Wiedereinstieg" Frauen erleichtern möchte, wieder in den Beruf zurück zu kehren, eine Initiative, die von AWO, Caritas, Diakonie und IHK unterstützt wird.

Eine weitere Chance sehe ich in Teilzeitjobs für ältere Mitarbeiter, die durch ihre langjährige Berufserfahrung oft über eine großen Wissensschatz verfügen. Dazu kommt eine weitere Zielgruppe, die zwar nicht neu ist, aber früher aufgrund der großen Konkurrenz nur eine geringe Chance für den Berufseinstieg hatte. Gemeint sind die immer noch vielen Studienabbrecher. Nicht alle sind ungeeignet, sondern mussten ihr Studium oft aus familiären oder finanziellen Gründen abbrechen. Wenn Sie so jemand eine neue Chance geben, wird er das nicht vergessen.

Vorsorgen kann ein Planungsbüro auch damit, dass es Praktika vergibt. Dies kann, bei Interesse und Eignung des Praktikanten, der Beginn einer langfristigen Zusammenarbeit und Übernahme als Mitarbeiter werden. Es macht also Sinn, den Kontakt zu den Ehemaligen, z. B. durch die Einladung zur Weihnachtsfeier sowie Informationen über das Unternehmen, aufrecht zu erhalten. Neuerdings gibt es noch eine weitere Zielgruppe für die Kontaktpflege nach dem Ausscheiden: jüngere Rentner. Größere Unternehmen haben dafür bereits einen Pool gebildet, auf den sie im Bedarfsfall zurückgreifen können. Schließlich gibt es auch für die Planungsbüros die Möglichkeit, eine besonders begehrte Zielgruppe anzusprechen, das sind die Hochschulabsolventen. Den Kontakt zu dieser Zielgruppe sollten besonders Ihre jüngeren Mitarbeiter pflegen, die vor kurzem selbst an einer Hochschule Examen gemacht haben, und zwar im Rahmen der fast überall existierenden Ehemaligen-Organisationen. Durch das Angebot von Praktika oder die Betreuung von Diplomaten können Sie sogar schon vorher damit beginnen. Und vielleicht gründen Sie schon bald das Projekt „Mitarbeiter werben Mitarbeiter".

2.4   Employer Branding

Wer sind wir, was machen wir und wem nutzt das? Obwohl ich schon lange (als Betriebswirt) mit Architektur- und Ingenieurbüros zusammenarbeite, erkenne ich immer wieder, dass viele potenzielle Mitarbeiter wenig über ihren zukünftigen Arbeitgeber wissen. Das sollten Planungsbüros ändern, am besten durch ihre Kammer- und Verbandsorganisationen und natürlich auch durch ihren Internet-Auftritt sowie ihr Auftreten in der Öffentlichkeit. Denn in der Liga der von den Hochschulabsolventen am meisten begehrten 100 Unternehmen, die gelegentlich veröffentlicht wird, kommen sie nicht vor.

Dafür gibt es zwei Strategien. Zum einen geht es um das aktive Herausstellen von Vorteilen, die Planungsbüros gegenüber den großen Unternehmen bieten können, also beispielsweise Selbstständigkeit, Kundennähe, Flexibilität, Transparenz, Erfolgsbeteiligung und das in den Befragungen immer wieder hervor gehobene Betriebsklima. Das ist für viele neue Mitarbeiter wichtiger als eine steile Karriere.

Aufgabe der Planungsbüros ist es also, sich als attraktiver Arbeitgeber zu präsentieren und vorher zu überlegen, was interessiert die potenziellen Mitarbeiter eigentlich, wer ist bei uns der beste Ansprechpartner für Fragen interessierter Bewerber, und was bieten wir unseren Mitarbeitern? Das nennt man heutzutage Employer Branding. Der Begriff steht für die Markenbildung zur positiven Darstellung als Arbeitgeber im Wettbewerb um neue Mitarbeiter. Es wird also für das Personalmanagement eine Anleihe beim Marketingmanagement genommen, und es wird damit dokumentiert, dass es genauso wichtig für das Unternehmen ist, Mitarbeiter zu bekommen und zu behalten, wie Kunden zu bekommen und zu behalten.

Beim Vergleich zu den großen Unternehmen sehe ich einen weiteren Vorteil der kleineren und mittelständigen Planungsbüros darin, dass die Mitarbeiter eine Insolvenz oder eine Fusion mit der Folge des Abbaus vieler Arbeitsplätze, wie man das immer wieder in der Zeitung lesen kann, weniger zu befürchten haben. Auch dieses Argument könnte man für das Employer Branding nutzen.

Schließlich müssen auch die Planungsbüros neben ihrem sozialen Engagement, z. B. für eine gemeinnützige Stiftung, etwas für die Gesundheit ihrer Mitarbeiter machen. Früher hat das kaum jemand interessiert. Aber jetzt, und auch das geht wieder von den großen Unternehmen aus, ist es auch ein Thema für das Employer Branding geworden. Immer mehr Firmen steigern ihre Attraktivität für neue Mitarbeiter durch Sport- und Fitnessangebote für ihre Mitarbeiter.

Wenn Sie ins Internet schauen, dann finden Sie zahlreiche Angebote zur Firmenfitness und noch mehr Bücher. Letztlich geht es darum, das Unternehmen als Arbeitgeber von anderen Mitbewerbern um die begehrten neuen Mitarbeiter abzuheben. Man möchte etwas ähnliches erreichen wie im Wettbewerb um Kunden, nämlich auch insoweit ein Alleinstellungsmerkmal. Das Managen der Mitarbeiter wird dem Managen der Kunden immer ähnlicher.

2.5 Demografischer Wandel

Den Einfluss des demografischen Wandels auf das Personalmanagement der Planungsbüros stellt sich aus meiner Sicht folgendermaßen dar: Sie werden vermehrt auf ältere Arbeitnehmer angewiesen sein. Es wird zu einer stärkeren Mischung verschiedener Altersgruppen kommen, und es wird mit einem Anstieg gesundheitlicher Beeinträchtigungen zu rechnen sein.

Es gibt zwar viele Unsicherheiten bei der Prognose unserer gesellschaftlichen Entwicklung, aber unsere künftige Altersstruktur steht bereits fest, wir werden älter als jemals zuvor. Der demografische Wandel wird also Auswirkung haben auf das Personalmanagement, und nicht nur das. Auch die Kunden und deren Kunden werden älter und erwarten dafür entsprechende Angebote. Ist es nicht eine der Kernaufgaben von Planungsbüros, sich Gedanken über barrierefreie und bezahlbare Wohnungen, das neue Umfeld und eine altersgerechte Infrastruktur zu machen?

Hinzu kommt ein weiteres Problem. Wir haben in den größeren Städten zu wenige Wohnungen. Es gibt immer mehr Fälle, in denen Fachkräfte auch von Planungsbüros nicht mehr in der Stadt tätig werden können, weil sie für sich und ihre Familie keinen bezahlbaren Wohnraum finden. „Bauen, bauen, bauen" lautet deshalb die Wohnungspolitik der Städte. Aber wie lange dauert das? Und wenn gebaut wird, dann oft für Investoren, die mit der Miete mehr verdienen als Zinsen für staatliche Wertpapiere. Neuerdings wird sogar über eine Enteignung von Wohnungsgesellschaften diskutiert, obwohl das wenig ändern würde. Besser ist dann doch die Idee mancher Wohnungsgesellschaften, ihren pensionierten Mietern mit einer jetzt nicht mehr erforderlichen großen Wohnung den Wechsel in eine kleinere Wohnung mit Mietpreisgarantie anzubieten, wenn sie ihre jetzige Wohnung für eine Familie mit Kindern frei machen.

Noch ein Stichwort ist eng mit dem demografischen Wandel verbunden: der ‚Generationenkonflikt'. Ursprünglich geht es dabei darum, dass immer weniger Aktive die immer mehr werdenden Rentner in der gesetzlichen Sozialversicherung erhalten müssen. Die Auswirkungen spüren natürlich auch die heutigen Unternehmen. Denn sie müssen ihren Mitarbeitern zusätzliche Versorgungsmöglichkeiten anbieten, weil deren Rente später nicht mehr ausreichen wird. Meistens geschieht das noch gegen Gehaltsverzicht.

Der demografische Wandel führt also dazu, dass auch die kleineren Unternehmen jung und alt beschäftigen, und zwar dadurch, dass sie die Erfahrungen der Älteren mit den insbesondere technischen Fähigkeiten der Jüngeren kombinieren. Der Vorteil dabei ist, dass die Älteren nicht mehr die Chancen und das Fortkommen der Jüngeren behindern wollen. Einen neuen Generationenkonflikt wird es also dadurch nicht geben. Vielleicht gelingt es auf diese Weise, die Altersarmut zu reduzieren, und auch das kommt den Jüngeren zugute. Denn wer soll für die Grundrente aufkommen, wenn nicht die Jüngeren.

2.6 Globalisierung

Globalisierung bedeutet nach meinem Verständnis internationale Betätigung. Aus Sicht der Unternehmen heißt das, sie sollten auch im Ausland ihre Leistungen anbieten und damit rechnen, dass ausländische Wettbewerber hier tätig werden möchten, oder noch konkreter ausgedrückt: Waren und Dienstleistungen werden ohne Einschränkung von einem Land in ein anderes verkauft.

Aber nicht immer funktioniert das. Das liegt zum einen daran, dass der Organisationsaufwand dafür zu hoch erscheint, oder zum anderen nicht eingesehen wird, dass man mit einem Partner im Ausland ein Joint Venture haben sollte, der mit den Gepflogenheiten in diesem Land vertraut ist. In einer Informationsveranstaltung zum Thema Globalisierung hat ein Teilnehmer erklärt, „wir sind sehr ungeübt darin, damit umzugehen". Das ist schade, denn viele junge Leute, die heute in den Beruf starten, würden gerne für ein paar Jahre ins Ausland gehen. Die großen Unternehmen bieten ihren Mitarbeitern solche Möglichkeiten nahezu selbstverständlich an. Aber das könnten die kleineren auch. Erst kürzlich hörte ich von einem Ingenieurbüro, das eine Filiale in Brasilien eröffnet. Oder ein kleineres Büro für Geotechnik in Düsseldorf hat mich darüber informiert, dass es aufgrund der Anregung eines Stammkunden einen Auftrag in Moskau bekommen hat. Deutschland gilt als Land der Ingenieure. Lassen Sie sich nicht davon beeindrucken, dass z. Zt. in der Welt eher separatistische Bewegungen im Gang sind. Die freie Marktwirtschaft wird sich durchsetzen. Und gute Ideen der Architekten und Ingenieure haben noch nie vor

Landesgrenzen Halt gemacht. Ohne die Globalisierung würde es die Stararchitekten unabhängig von ihrer Nationalität auch gar nicht geben. „Die Globalisierung war unser Push" sagt z. B. der Schweizer Architekt Jaques Herzog [4].

2.7 Kulturwandel

‚Früher', das war noch die Zeit, als die Mitarbeiter meinten, für die Beschaffung der Aufträge sei der Chef zuständig, sie seien nur dazu da, diese abzuarbeiten. Aber die Zeiten getrennter Ingenieurleistungen sind vorbei und zu dieser neuen Zeit gehören eben auch die Globalisierung sowie der Umgang miteinander.

Wer Gelegenheit hatte, über viele Jahre mit Planungsbüro zusammenzuarbeiten, wird erkennen, dass sich auch in dieser Branche vieles geändert hat. Es herrscht allgemein mehr Transparenz, und die Mitarbeiter wissen auch, was sie zu tun haben, wenn der Chef einmal nicht da ist, und können auch mit verärgerten Kunden umgehen. Neu wird für viele Planungsbüros sein, dass die Mitarbeiter in Zukunft mehr mit anderen Partnern bei der Leistungserbringung zusammenarbeiten müssen. Dann kann es sein, dass unterschiedliche Kulturen aufeinander treffen, und für manche Mitarbeiter ist es schwieriger, mit fremden Partnern zu arbeiten als mit Kollegen. Ich habe schon erlebt, dass daran eine Zusammenarbeit gescheitert ist. Deshalb sollten Inhaber und Partner sich auf eine solche Situation vorbereiten und ggfs. den Rat entsprechender Experten einholen.

Am Schluss dieses Kapitels möchte ich auf ein paar Aspekte zur Rekrutierung hinweisen. Und so könnte Ihr Angebot für neue Mitarbeiter aussehen:

- Teilhabe am Weiterbildungsprogramm
- Attraktives Arbeitsumfeld
- Flexible familienfreundliche Arbeitszeitmodelle
- Möglichkeiten Ideen einzubringen
- Vermittlung betriebswirtschaftlicher Grundkenntnisse
- Partnerschaftliche Unternehmenskultur
- Transparente Unternehmensführung
- Unabhängigkeit von übergeordneten Interessen
- Gemeinsamer Verhaltenskodex
- Unbefristete Festanstellung
- Unterstützung bei der Wohnungssuche
- Onboarding mit Unterstützung eines Paten, und
- wie bereits erwähnt, Einladung zum Besuch auch dann, wenn gerade keine Stelle zu besetzen ist.

Personalführung 3

3.1 Digitalisierung

Gewiss, es werden Arbeitsplätze auch bei den Planungsbüros durch die Digitalisierung wegfallen, aber durch veränderte Arbeitsprozesse und Digitalisierung werden auch neue Arbeitsplätze entstehen. Deshalb bedarf es in vielen Fällen einer entsprechenden Reorganisation der Arbeitsabläufe und Schulung der Mitarbeiter. Die erforderliche Umstellung ist überall angelaufen. So stehen viele Unternehmen an der Schwelle vom Industrie- zum Digitalzeitalter, Siemens bezeichnet sich selbst als digitales Unternehmen und die Bundesregierung hat einen Digitalrat ins Leben gerufen. Aber machen wir uns nichts vor, einfach ist diese Umstellung besonders für die älteren Mitarbeiter nicht. Man muss schon etwas Verständnis dafür aufbringen, dass diese Generation Angst oder sagen wir besser Sorge davor hat, die aktuellen Kommunikationsmittel eines Tages nicht mehr ohne fremde Hilfe beherrschen zu können, während die Generation Y, also diejenigen, die um das Jahr 1980 geboren sind, mit digitalen Medien groß geworden sind.

Die Digitalisierung ist auch für Mittelständler zur Pflicht geworden, bei der auch die Mitarbeiter mitgezogen werden müssen, und sie hat Auswirkungen auf die Zusammenarbeit mit Dritten, die im nächsten Kapitel noch beschrieben wird. Jetzt geht es darum, den Anschluss nicht zu verpassen.

Die Kunst der Mitarbeiterführung, auch in den Planungsbüros, besteht also darin, ihre Unternehmen so zu organisieren, dass alle im internen Netzwerk zusammenarbeiten können und Jüngere die Geduld und das Verständnis aufbringen, ihren älteren Kollegen zu helfen. Auch das gehört zu einem positiven Betriebsklima. Es ist also kein Zufall, dass ich dieses Kapitel mit der Digitalisierung begonnen habe. Und vielleicht können Sie dann in fachbezogen abgewandelter Form wie

© Springer Fachmedien Wiesbaden GmbH, ein Teil von Springer Nature 2019
D. Goldammer, *Personalmanagement in Zeiten des Fachkräftemangels,*
essentials, https://doi.org/10.1007/978-3-658-27371-2_3

der Chef der Fluggesellschaft Eurowings erklären, „wir wollen ein digitales Unternehmen mit angeschlossenen Flugbetrieb werden." [5]. Sie brauchen eigentlich nur das Wort „Flugbetrieb" durch „Ingenieurleistungen" ersetzen.

3.2   Betriebsklima

Immer wieder kann man lesen und hören, dass bei Befragungen von Absolventen und jüngeren Mitarbeitern nicht das Gehalt an erster Stelle der Wunschliste bei der Entscheidung für den Job steht, sondern das Betriebsklima bzw. das Arbeitsklima. Aber wenn das so ist, dann sollte man das bei der Personalführung auch entsprechend ausloben, zumal es in einem Planungsbüro auch eher zu realisieren ist als in einem großen Unternehmen mit vielen Abteilungen, und damit auch endlich einmal ein Vorteil beim Wettbewerb um talentierte Mitarbeiter entsteht.

Man kann sich also vorstellen, dass dieses Betriebsklima auch von den nachfolgenden Kriterien, wie insbesondere Arbeitsbedingungen, Führungsstil, Arbeitszeitmodell sowie Transparenz, beeinflusst wird. Es gibt immer mehr Büros, auch kleinere, die ihre Mitarbeiter dabei fördern, Sport zu betreiben. Manche besprechen die wichtigsten Themen des Tages beim gemeinsamen Frühstück und manche treffen sich aufgrund eigener Initiative auch bisweilen nach Feierabend. Das Unternehmen wirkt dann so wie eine große Familie, in der auch kleine Sünden toleriert werden und in der es auch eine Fehlerkultur in dem Sinne gibt, dass man daraus lernt.

Wenn es gelingt, ein derart positives Betriebsklima aufzubauen, wird das auch zu einer geringeren Fluktuation führen und positiv nach außen wirken, z. B. durch das freundliche Verhalten der Mitarbeiter am Telefon oder durch die schnelle Reaktion auf eine Anfrage sowie die Fairness im Wettbewerb um Aufträge. Und abgerundet wird das Ganze durch das soziale Engagement, z. B. für einen Sportverein oder ein Kinderhilfswerk.

3.3   Arbeitsbedingungen

Bei allem Verständnis für eine angenehme Zusammenarbeit muss das Unternehmen natürlich auch noch eine Ordnung haben und die beginnt mit dem Arbeitsvertrag für jeden Mitarbeiter. In diesem Vertrag werden die wichtigsten Aspekte für die Zusammenarbeit geregelt, nämlich Bruttogehalt, Arbeitszeit und Urlaub. Normalerweise werden dadurch auch die Art der Tätigkeit, Kündigungsfristen sowie der Arbeitsort vereinbart. Ich habe also nicht ohne Grund den Arbeitsvertrag bereits in meiner Bestandsaufnahme erwähnt.

Zu beachten sind auch im Planungsbüro bestimmte gesetzliche Auflagen, u. a. für sachgrundlose befristete Arbeitsverträge und Ruhezeiten, oder der Anspruch auf Vollzeit nach einer Teilzeitvereinbarung und die Vergütung von Überstunden. Wenn Sie das Gefühl haben, bei diesen Regularien etwas nicht gut genug gemacht zu haben, dann sollten Sie sich von einem Arbeitsrechtler beraten lassen. Eine weitere Möglichkeit besteht darin, sich den Empfehlungen des Arbeitgeberverbandes selbstständiger Ingenieure und Architekten (ASIA) oder des Arbeitgeberverbandes Deutscher Architekten und Ingenieure (ADAI) anzuschließen.

Nicht unerwähnt bleiben sollten die äußeren Arbeitsbedingungen, und damit meine ich die Arbeitsplatzgestaltung in den Büros. Nach meinem Eindruck sind einige Planungsbüros gut beraten, ihre Ausrüstungen zu modernisieren, wenn sie vermeiden möchten, dass ein Mitarbeiter keine Lust hat, acht Stunden am Tag mit nicht mehr zeitgemäßem Equipment zu arbeiten. Auch darüber kann man im jährlichen Mitarbeitergespräch diskutieren. Schließlich kann auch ein schwieriges Verhältnis zu den Nachbarn bewirken, dass ein angenehmes Arbeiten gestört wird.

Als ich vor ein paar Jahren bei einem Vortrag zum Thema Überstunden den Vorschlag gemacht habe, wegen der immer wieder auftauchenden Probleme für die Bezahlung von Überstunden die Arbeitszeitregelung abzuschaffen und statt dessen den Mitarbeitern die Freiheit zur Bearbeitung ihrer Projekte zu lassen, war das noch ein kaum vorstellbares Scenario. Inzwischen ist diese Freiheit in vielen Unternehmen Wirklichkeit geworden. Das ist auch ein Teil der Arbeitsbedingungen und so wichtig geworden, dass ich dafür den extra Abschnitt Arbeitszeitmodelle (Abschn. 4.1) gewählt habe.

Das wohl am meisten in diesem Zusammenhang erwähnte Stichwort heißt ‚Homeoffice‘, womit nicht nur der Arbeitsplatz zu Hause gemeint ist, sondern auch das Arbeiten in der Bahn oder im Hotel. Über die Vor- und Nachteile gibt es zwei unterschiedliche Meinungen. Dass im Homeoffice mangels Kontrolle mehr Zeit verbummelt wird als im Unternehmen, ist aufgrund einer Studie der Hans-Böckler-Stiftung unbegründet [6]. Im Gegenteil würden dadurch sogar längere Arbeitszeiten entstehen.

Weniger positiv wird gesehen, dass die Homeoffice-Kollegen den Kontakt zu ihren Büro-Kollegen verlieren könnten. Das ist sicher nicht abwegig, aber es ist lösbar durch eine individuelle Regelung der Kontakte, z. B. täglich per E-Mail. Letztlich ist das also eine Frage der richtigen Organisation. Jedenfalls haben die Befürworter des Homeoffice mit dem Bundeswirtschaftsminister einen wichtigen Fürsprecher, wenn der die Vereinbarkeit von Familie sowie Beruf lobt und die Entwicklung entsprechender Arbeitszeitmodelle sowie den Ausbau der Kinderbetreuung anregt [6].

3.4   Führungsstile

Es ist noch nicht so lange her, als ein amerikanischer CEO erklärte, dass 70 %
seiner Mitarbeiter nur Dienst nach Vorschrift machten, 20 % eigentlich sofort entlassen werden müssten und nur 10 % das Potenzial für die Zukunft hätten. Zu der
Zeit gab es sieben Führungsstile, von autoritär über patriarchalisch, informierend,
beratend, kooperativ, delegativ bis autonom. Autonom kam praktisch nicht vor und
nur mühsam konnten sich die Führungskräfte dazu durchringen, einen kooperativen
oder delegativen Führungsstil zu pflegen, wobei die Mitarbeiter wenigstens ein
Mitspracherecht für ihre Tätigkeit hatten. Trotzdem kam es vor, dass einem Sach-
bearbeiter von seinem Chef untersagt wurde, direkt mit einem Kunden zu telefonieren, weil der glaubte, dass der Mitarbeiter das nicht gut genug machen kann.

Auch in den Planungsbüros geht es heute anders zu. Mitarbeiter in einem kleineren Büro können Projektleiter sein oder müssen es sogar sein, weil der Inhaber
nicht alle Projekte leiten kann.

Die Hierarchien sind in Planungsbüros oft flacher als in großen Unternehmen
oder gar nicht vorhanden. Außerdem ist eine Hierarchie normalerweise auch eine
Rangordnung, die in kleineren Unternehmen niemand will. Infolgedessen braucht
man auch kein Organigramm. Trotzdem muss der Verhaltenskodex eines Unternehmens von allen eingehalten werden. Es muss klar sein, dass jeder seine Funk-
tion als Akquisiteur seines Unternehmens versteht. Mitarbeiter, die beispielsweise
als Projektleiter verantwortlich sind, sollten über die notwendigen technischen
Systeme verfügen, die sie rechtzeitig warnen, wenn ein Projekt kostenmäßig aus
dem Ruder zu laufen droht.

Schließlich muss auch ein Büro ohne Hierarchie so funktionieren, dass auch
während eines plötzlichen Ausfalls des Inhabers jemand das tägliche Geschäft
ersatzweise koordinieren kann. In einem solchen Unternehmen beschränkt sich
die Führung im Wesentlichen auf das jährliche Mitarbeitergespräch mit Zielvereinbarungen. Die Gefahr, dass Mitarbeiter aufgrund einer Insolvenz oder Fusion
entlassen werden, wie man das oft in der Zeitung lesen kann, besteht bei einem
Planungsbüro selten.

3.5   Entlohnungssysteme

Auch wenn immer wieder betont wird, dass das Gehalt bei jüngeren Mitarbeitern
nicht mehr die hohe Priorität hat, können Inhaber von Planungsbüros diesen Aspekt
nicht ganz außer Acht lassen, zumal es auch dafür mehrere Möglichkeiten gibt.
Unterscheiden wir zunächst zwischen *materieller und immaterieller Entlohnung.*

Materiell geht es als erstes natürlich um das Gehalt. Aufgrund von Erhebungen der Verbände betrug das Jahresgehalt zuletzt rd. 55 TEUR einschl. Sozialabgaben im Durchschnitt aller Mitarbeiter. Wenn Sie das etwas differenzierter wissen und auch mit Ihrer eigenen Situation vergleichen wollen, dann sollten Sie Kontakt mit dem Arbeitgeberverband selbstständiger Ingenieure und Architekten (ASIA) aufnehmen. Abgesehen davon, dass die Planungsbüros normalerweise nicht so hohe Gehälter bieten können wie Konzernunternehmen, haben Gehaltserhöhungen nach den Erfahrungen der Personalmanager den Nachteil, dass ihre Wirkung bei den Mitarbeitern oft schnell verpufft.

Die meisten Planungsbüros gewähren ihren Mitarbeitern darüber hinaus eine variable Entlohnung in Form einer Sonderzahlung meistens am Ende eines Jahres. Das kann allerdings zu einem arbeitsrechtlichen Problem werden. Denn wenn Sie dabei nicht eine bestimmte Formulierung als Abhängigkeit vom Erfolg des Unternehmens wählen, kann das auch dann zur Pflicht werden, wenn das aufgrund des Unternehmensergebnisses eigentlich nicht gerechtfertigt wäre. Außerdem haben die Mitarbeiter sich daran gewöhnt, weil das bisher immer so war. Ich empfehle deshalb stattdessen ein erfolgsabhängiges Prämiensystem.

In den Planungsbüros hatte dieses Thema vor etwa zehn Jahren Konjunktur. Nach dem Motto „weg vom Gießkannenprinzip", wurden zahlreiche individuelle Prämiensysteme für unterschiedliche Leistungen erdacht. Oft mit wenig Akzeptanz. Meistens deshalb, weil manche Mitarbeiter dabei ausgeschlossen wurden, nicht gerecht gewichtet wurde, weil der Verwaltungsaufwand in keinem Verhältnis zum Ergebnis stand und weil es für die Mitarbeiter nicht transparent und nachzuvollziehen war. Inzwischen wird in den Planungsbüros wieder mehr darüber nachgedacht, aber in vereinfachter Form, für alle Mitarbeiter eine Prämie auszuschütten, wenn alle gemeinsam Erfolg hatten – transparent, nachvollziehbar und Ansporn zugleich. Wenn man sich die Erfolgsprämien der Mitarbeiter der deutschen Autokonzerne anschaut, die jährlich ausgeschüttet werden, dann könnten die Mitarbeiter der Planungsbüros schon etwas „neidisch" werden. Aber immerhin ist es ein Anfang in diese Richtung.

Materielle Entlohnungen haben (für die Mitarbeiter) außerdem den Nachteil, dass sie versteuert werden müssen, es sei denn, es handelt sich um steuer- und abgabenfreie Zuwendungen. Das gilt z. B. für die Zahlung eines Betrages von derzeit 44,– EUR pro Monat als Sachbezug. Auch Planungsbüros können ihre Mitarbeiter zum gemeinsamen Betriebsfest einladen, wobei ein bestimmter Betrag steuerlich geltend gemacht werden kann. Aufwendungen für die Altersvorsorge gegen Gehaltsverzicht werden steuerlich begünstigt. Auch Jobtickets für die An- und Abfahrt zum Büro sind möglich. Bitte beachten Sie, dass für diese Vergünstigungen steuerliche Voraussetzungen bzw. Begrenzungen gelten, die sich ändern können. Deshalb ist es sinnvoll, derartige Aktivitäten mit dem Steuerberater abzustimmen.

Immaterielle Entlohnungssysteme sind solche, die man nicht messen kann, die aber individuell stark bewertet werden. Das gilt besonders für flexible Arbeitszeitmodelle (s. Abschn. 4.1). Es kann sein, dass ein bestimmter Standort eine Rolle spielt, weil damit kein Umzug verbunden wäre und die Partnerin/der Partner ihren/seinen Job nicht wechseln muss. Das Angebot zur Kinderbetreuung kann für den Jobwechsel interessant sein. Sport- und Freizeitaktivitäten, die durch das Unternehmen gefördert werden, bekommen einen neuen Stellenwert. Einige Büros können einem neuen Mitarbeiter anbieten, für das Büro im Ausland tätig zu werden. Und immer wichtiger wird die Organisation der Weiterbildung, die für bestimmte Themen auch als Inhouse-Seminar stattfinden kann.

Aber Zielvereinbarungen im Mitarbeitergespräch eignen sich m. E. nicht für ein Entlohnungssystem, weil nicht das Ziel entlohnt würde, sondern der Weg dorthin, und weil Umstände eintreten können, die das Ziel nicht erreichen lassen, die aber der Mitarbeiter nicht zu vertreten hat.

Schließlich bleiben noch ein paar weitere Fragen offen. Wie werden Überstunden vergütet, wie Fahrzeiten, ist Erreichbarkeit am Telefon nach Feierabend Arbeit und, wenn ja, wie soll man das bewerten? Ich denke, dass die Branche darauf eine Antwort finden wird. Das muss nicht jedes Büro gleich handhaben, aber es muss im Konsens mit den Mitarbeitern geschehen. So kann ich mir beispielsweise vorstellen, dass Inhaber und Mitarbeiter sich darauf einigen, Fahrzeiten zu Seminaren für die Weiterbildung nur zur Hälfte als Arbeitszeit zu bewerten. Wichtig ist, dass überhaupt eine Regelung besteht, denn sonst gibt es ständig Konflikte.

Am Schluss dieses Abschnitts möchte ich nicht versäumen, auf den Bekanntheitsgrad eines Arbeitgebers als für manche Mitarbeiter wichtiges Kriterium zur Berufswahl aufmerksam zu machen: Wenn Sie in Stuttgart jemand fragen, was er beruflich macht, kann es sein, dass er antwortet: „Ich schaffe beim Daimler". In manchen Gegenden kann auch ein Planungsbüro als Arbeitgeber eine derartige Attraktivität erreichen.

3.6 Transparenz

Ich verstehe nicht, warum viele Inhaber ein Geheimnis aus ihrer Buchhaltung machen, zumal sie nichts zu verbergen haben. Aber vielleicht liegt das ja auch an dem Desinteresse, das viele für ihre wirtschaftliche Situation haben. Wie hoch ihr Umsatz pro Mitarbeiter ist, welchen Bürostundensatz sie erzielt haben und welche Umsatzrendite sie erwirtschaften, das wissen die meisten nicht. Offenbar verlassen sich auch etliche darauf, dass ihr Steuerberater ihnen rechtzeitig die gelbe Karte zeigt. Aber selbst, wenn der das macht, kann er nur auf Abweichungen aus der Vergangenheit aufmerksam machen, die nicht mehr repariert werden können.

Ohne Konsequenzen kann das nicht mehr lange gut gehen, zumal sogar einige Mitarbeiter als Projektleiter auch die Verantwortung für den wirtschaftlichen Erfolg ihrer Projekte haben. Der Inhaber trägt die Verantwortung für den wirtschaftlichen Erfolg seines Unternehmens. Er sollte seinen Mitarbeitern regelmäßig erklären, wo sie gemeinsam stehen, wie sich der Auftragsbestand entwickelt hat, welcher Bürostundensatz erzielt wurde, wie erfolgreich der Wettbewerb um Aufträge war, ob es Probleme mit den Kunden gegeben hat und wie sich das Ergebnis wahrscheinlich entwickeln wird.

Wenn man das alles nicht macht, besteht doch nur die Gefahr, dass die Mitarbeiter glauben, sie würden nicht gerecht entlohnt. Nur die Offenheit kann dafür sorgen, das Verständnis der Mitarbeiter dafür zu fördern, dass sie das Dreifache ihres eigenen Lohns erwirtschaften müssen, damit das Unternehmen überleben kann. Manche sprechen in diesem Zusammenhang von einer Kultur des offenen Wortes oder anders ausgedrückt, ohne Transparenz funktioniert Personalmanagement heute nicht mehr. Nur so werden die Mitarbeiter ein Gespür dafür bekommen, dass es auch in einem Planungsbüro eine Bringschuld gegenüber Kollegen gibt, indem einer den anderen darüber informiert, wenn es z. B. ein besonderes Problem bei einen Kunden gegeben hat, mit dem auch dieser Kollege zusammenarbeitet, und nicht darauf wartet, dass der das schon noch selbst merken wird.

Transparenz erzeugt Vertrauen und Glaubwürdigkeit. Geheimniskrämerei passt nicht mehr in unsere Arbeitswelt. Man kann Mitarbeitern keinen Verhaltenskodex verordnen, wenn diese noch nicht einmal wissen, wofür das Unternehmen steht und ob es erfolgreich ist. Wenn sie sich aber ausreichend informiert fühlen, werden sie auch schwierige Entscheidungen mittragen und können sich mit ihrem Unternehmen identifizieren.

Schließlich kann auf diese Weise ein Problem gelöst werden, das ich leider öfter erlebe. Es geht dabei um den Erwerb und die Weitergabe von Wissen im Unternehmen. Der Inhaber ist oft der einzige, der alles Wissen, das nicht dokumentiert ist, im Kopf hat. So beispielsweise auch, wie man mit einigen schwierigen Kunden umgeht. Wenn er ausscheidet, das Unternehmen an einen Nachfolger übergibt, und nicht daran denkt, seinen Nachfolger darüber zu informieren, ist dieses Wissen für das Unternehmen für immer verloren. Das Gleiche gilt für einen wichtigen Teilbereich, wenn der dafür zuständige Mitarbeiter ausscheidet. In beiden Fällen muss rechtzeitig dafür gesorgt werden, dass eine entsprechende Dokumentation erfolgt.

Mitarbeiterbindung 4

4.1 Arbeitszeitmodelle

Eine Änderung der strikten Arbeitszeit und eine starke Abweichung von bisherigen Gepflogenheiten fallen vielen Mitarbeitern schwer. Verständlicherweise, denn es ist noch gar nicht so lange her, als noch das Gegenteil in vielen Unternehmen üblich war, nämlich Stechuhren. Inzwischen kann man lesen, dass Vertrauensarbeitszeit schon etwa ein Viertel der Unternehmen eingeführt haben, und es gibt Politiker, die einen Rechtsanspruch darauf fordern. Man erkennt daran, dass diese Diskussion immer wichtiger wird und dass die richtige Organisation dafür sowohl für das Bekommen als auch das Behalten von Mitarbeitern von großer Bedeutung ist. Was sind die Gründe dafür?

Aufgrund des EUGH-Urteils vom 14.05.2019 sollen die Arbeitgeber verpflichtet werden, nicht nur die Überstunden ihrer Mitarbeiter zu erfassen, sondern ihre sämtlichen Arbeitsstunden. Dieser Vorschlag stößt nicht nur auf Akzeptanz, da dies ein zusätzlicher bürokratischer Aufwand ist, den man ja eigentlich reduzieren wollte. Es bleibt deshalb abzuwarten, ob das Urteil Bestand hat.

Ich glaube, auch das hat mit dem Wandel in unserer Gesellschaft zu tun. Die klassische Familie, in der der Mann für den Unterhalt sorgte und die Frau sich um Kinder sowie Haushalt kümmerte, existiert nicht mehr. Und: Während es vor zehn oder fünfzehn Jahren noch darum ging, Mitarbeiter vorzeitig in den Ruhestand zu entlassen, geht es jetzt um das Gegenteil. Die in Kürze in den Ruhestand gehenden Mitarbeiter werden gebeten, doch noch etwas länger zu bleiben, und einige, die eigentlich schon ausgeschieden sind, werden sogar von ihrem früheren Arbeitgeber zurückgeholt.

Wahrscheinlich hat es nie so viele Arbeitsmodelle gegeben wie jetzt. Immer öfter werden neue Arbeitsverträge von vornherein als Zeitverträge abgeschlossen,

© Springer Fachmedien Wiesbaden GmbH, ein Teil von Springer Nature 2019

D. Goldammer, *Personalmanagement in Zeiten des Fachkräftemangels,*

essentials, https://doi.org/10.1007/978-3-658-27371-2_4

was der Neigung der Generation Y entgegenkommt, die öfter etwas Neues erkunden möchte. Und besonders beliebt sind Arbeitsmöglichkeiten zu Hause oder unterwegs, die es gleichzeitig gestatten, einen Blick auf kleine Kinder oder zu pflegenden Angehörige zu werfen. Hierarchien braucht man dafür nicht mehr.

Die heutigen Aufgaben in unserer Gesellschaft haben viel mehr mit Selbstständigkeit und Selbstverantwortung zu tun als früher. Inzwischen kämpfen bereits Gewerkschaften dafür, dass auch in großen Unternehmen Eltern kleiner Kinder oder pflegende Angehörige vorübergehend die Arbeitszeit reduzieren können. Es geht auch nicht nur um die tägliche Arbeitszeit. Auch reduzierte Wochenarbeitszeiten, Verträge für Urlaubsvertretungen oder eine Auszeit für mehrere Monate aufgrund der auf einem Arbeitszeitkonto gesammelten Tage werden praktiziert.

Eine Tätigkeit im Homeoffice kann auch einen praktischen Nutzen für Arbeitgeber und Arbeitnehmer haben. Nicht jeden Tag im Büro sein zu müssen oder allein schon dann zu fahren, wenn die anderen nicht auf der Straße sind, bringt Vorteile. In manchen Fällen kann diese Flexibilität sogar bewirken, dass überhaupt ein Arbeitsverhältnis zustande kommt.

Natürlich kann eine solche Flexibilität auch Nachteile haben, weil der persönliche Kontakt mit den Kollegen leiden kann und die Abstimmung der Kollegen untereinander schwieriger wird. Wie bereits erwähnt ist dies aber mehr eine Frage der Organisation. So könnte – ähnlich wie bei der früheren Gleitzeit die Kernarbeitszeit – jetzt ein Jour Fix bestimmt werden, an dem sich die Beteiligten am Projekt im Büro treffen. Und die „Klammer" für alle besteht im jährlichen Mitarbeitergespräch mit Zielvereinbarungen. Manche (Arbeitgeber) befürchten bei diesem Arbeitsmodell einen Kontrollverlust. Aber das sehe ich bei den Ingenieuren nicht so, denn die sind es gewöhnt, auch im Büro eigenverantwortlich ihre Projekte zu bearbeiten. Schließlich sollte man nicht vergessen, dass die Ermöglichung flexibler Arbeitszeitmodelle auch die Attraktivität der Planungsbüros als Arbeitgeber stärkt.

4.2 Corporate Social Responsibility

Es gibt ein neues Kriterium für das Verhältnis der Mitarbeiter zu ihrem Unternehmen: das Bekenntnis zur gesellschaftlichen Verantwortung. Es geht um Corporate Social Responsibility (CSR). Vor ein paar Jahren hat das noch kaum jemanden interessiert. Aber inzwischen fragen potenzielle Mitarbeiter bereits im Bewerbungsgespräch danach und wollen sich auch selbst in diesen Prozess einbringen. Der Wandel in unserer Gesellschaft kommt dadurch deutlich zum Ausdruck.

Das Ganze schließt auch die aktuellen Probleme vieler großer Unternehmen mit Korruption, Bestechung und Vorteilsnahme ein. Dadurch ist der Begriff Compliance entstanden, der für eine gute Unternehmensführung steht. Manche verstehen darunter auch die Unternehmensethik, also das moralische Verhalten im Unternehmen. Aber das wäre zu kurz gesprungen, denn da fehlt noch etwas, nämlich das Verhalten nach außen, also z. B. keine Produkte mehr einzusetzen, die durch Kinderarbeit oder Ausbeutung der Umwelt entstanden sind.

Für die jungen (potenziellen) Mitarbeiter greift das Thema noch weiter. Sie wollen wissen, ob sich ihr zukünftiges Unternehmen für Zwecke einsetzt, die nicht direkt etwas mit der Gewinnerwirtschaftung zu tun haben, also z. B. die Spende oder das Sponsoring für eine wohltätige Veranstaltung. Und sie wollen wissen, ob es im Unternehmen einen Verhaltenskodex gibt, durch den eine solche Verhaltensweise, die teilweise über die gesetzlichen Anforderungen hinausgeht, eingehalten wird.

In einer Zeit, in der selbst Schüler für den Klimaschutz auf die Straße gehen, können auch kleinere Unternehmen dabei nicht mehr abseits stehen. Die Branche muss damit rechnen, dass auch ihre Auftraggeber die Sozialstandards ihrer Auftragnehmer in Zukunft stärker bewerten. Schließlich sollte man nicht vergessen, dass die von einem Planungsbüro praktizierte soziale Verantwortung ein wichtiger Grund für das Kommen und Bleiben eines Mitarbeiters sein kann. Denn letztlich möchten der Mitarbeiter oder die Mitarbeiterin stolz auf ihr Unternehmen sein; besonders dann, wenn sie selbst dabei mitwirken können.

Trotzdem müssen gerade die Jüngeren auch für ihre Vorsorge im Alter etwas tun, denn dabei haben die großen Unternehmen immer noch die besseren Karten. Und das führt zum nächsten Abschnitt.

4.3 Altersvorsorge

Welche Möglichkeiten hat ein Planungsbüro bei der Altersvorsorge seiner Mitarbeiter? Vorsorge für den Ruhestand bedeutet nach meinem Verständnis nicht nur finanzielle Auskömmlichkeit, sondern auch Erhaltung der Fitness sowie die Organisation des Alltags nach der Pensionierung. Beginnen wir zunächst mit der finanziellen Absicherung.

Idealerweise besteht die finanzielle Vorsorge für das Alter aus den drei Säulen:

1. sozial-gesetzliche Rentenversicherung oder die berufspolitischen Versorgungswerke, z. B. auch für Ingenieure und Architekten,
2. die betriebliche Altersvorsorge sowie
3. eine private Lebensversicherung.

Das Problem ist nur, dass dieser Idealzustand von vielen nicht erreicht wird. Einvernehmen besteht darin, dass allein die 1. Säule für die jetzigen Aktiven nicht mehr ausreichen wird, um deren Lebensunterhalt einigermaßen zu sichern. Wie für die davon Betroffenen dieses Problem gelöst werden soll. ist eine Lieblingsstreitfrage der Politiker. Dieses Problem kann sogar manche Inhaber selbst betreffen, denn es ist ungeklärt, wie den Selbstständigen geholfen werden kann, die weder über eine gesetzliche Altersversorgung noch über Ansprüche aus einem Berufsversorgungswerk verfügen. Einige Politiker wollen deshalb bereits eine Pflichtversicherung für Selbstständige einführen.

Eine zusätzliche betriebliche Altersvorsorge wäre deshalb eine sinnvolle Sache, insbesondere dann, wenn die Einzahlungen überwiegend vom Arbeitgeber geleistet werden. In den Genuss einer solchen Versorgung kommen die Mitarbeiter eines Planungsbüros normalerweise nicht. Aber sie können wenigstens eine staatlich geförderte und möglichst vom Arbeitgeber unterstützte betriebliche Altersvorsorge in Form einer Direktversicherung oder die Einzahlung in eine Pensionskasse aufbauen. Die Regeln, die dafür gelten, sind einigermaßen kompliziert, ich empfehle deshalb, den Rat eines Experten mit steuerlicher Kompetenz einzuholen. Die dritte Säule schließlich wäre eine private Lebensversicherung, zu der ich indirekt auch eine ausfinanzierte Immobilie zähle.

An der Erhaltung der persönlichen Fitness haben sowohl die Arbeitgeber als auch die Arbeitnehmer Interesse. Deshalb ist es auch inzwischen üblich, dass Beiträge zum Besuch eines Fitnesscenters vom Arbeitgeber übernommen werden, oder Kurse mit einem Trainer im Unternehmen stattfinden. Das ist ungefähr so, wie früher Kurse zum Erlernen einer fremden Sprache angeboten wurden, wenn die Mitarbeiter diese Fähigkeit brauchten. Heute ist die Motivation die persönliche Gesundheit des Mitarbeiters, die für die Arbeitnehmer auch noch über ihre Pensionsgrenze hinausgeht, weil sie (mit Teilzeit) auch dann noch für das Unternehmen nützlich sein oder etwas Neues aufbauen können.

Auffällig ist schließlich auch, dass sich relativ wenige Mitarbeiter rechtzeitig vor dem Ausscheiden aus ihrem Unternehmen Gedanken darüber machen, wie sie die Zeit danach gestalten wollen. Auch das ist ein Teil der Altersvorsorge. Denn wer das nicht macht, riskiert, dass er dann nicht weiß, was er den ganzen Tag lang machen soll und verfällt in Einsamkeit oder gar Resignation, auch wenn er oder sie finanziell abgesichert sind. Dass das jetzt wichtiger geworden ist, liegt natürlich auch daran, dass wir länger leben, und leider sind die Inhaber der Planungsbüros dabei kein Vorbild für ihre Mitarbeiter. Denn sie zögern oft die Übergabe ihres Unternehmens wegen dieser Angst vor dem Nichtstun hinaus. Und dann sind wir wieder bei den Mitarbeitern, denn sie verlassen unter Umständen das Planungsbüro, wenn ihre Zukunft derart ungewiss ist.

Vielleicht folgen Sie mir ja bei dieser erweiterten Form der Altersvorsorge. Dann werden Sie auch akzeptieren, dass man sich auf den Ruhestand vorbereiten muss [7]. Ich habe selbst erlebt, dass die Mitarbeiter eines größeren Unternehmens, die kurz vor der Pensionierung waren, gemeinsam mit ihren Partnern zu einer Veranstaltung eingeladen wurden, in der ihnen erklärt wurde, wie man sich am besten vorbereitet. Das kann auch ein Planungsbüro mithilfe eines externen Experten machen, und damit ist das auch ein Teil des Personalmanagements.

4.4 Weiterbildung

Die Planungsbüros gehören nicht gerade zu denjenigen Unternehmen, die sich für die Weiterbildung ihrer Mitarbeiter engagieren. Als vor fünf Jahren die Verbände ihre Mitglieder nach dem Anteil der Weiterbildungskosten an Gesamtkosten befragt haben, kamen dabei gerade mal 0,5 % heraus! Wahrscheinlich ist das der Grund dafür dass diese Frage danach nicht wieder gestellt wurde. Inzwischen hat sich auch dabei einiges geändert. Die Kammern bieten ihren Mitgliedern Veranstaltungsprogramme an, vergeben Weiterbildungspunkt und einige haben eigene Akademien gegründet. Die Bayerische Ingenieurekammer hat sogar ein Trainingsprogramm für jüngere Ingenieure und Ingenieurinnen entwickelt, das sich über 21 Präsenztage und einen Online-Teil auf eine Gesamtdauer von neun Monaten erstreckt. Trotzdem werden solche Möglichkeiten noch zu wenig genutzt. Ich möchte daher zu mehr Aktivitäten in diese Richtung motivieren.

Zunächst glaube ich, dass das Bedürfnis zur beruflichen Weiterbildung bei den jüngeren Mitarbeitern stärker geworden ist, denn es kommt vor, dass diese schon im Bewerbungsgespräch danach fragen. Der Inhaber eines Planungsbüros muss natürlich auch berücksichtigen, dass die eigentlichen Kosten für die Weiterbildung seiner Mitarbeiter z. B. bei einem Seminar nicht die Aufwendungen für die Teilnehmergebühr und die Fahrkosten sind, sondern der Zeitaufwand, den die betreffenden Mitarbeiter in dieser Zeit für Projektstunden erbringen würden. Das sollte allerdings kein Grund dafür sein, das nicht zu machen. Manchmal führt ein besonderer Weiterbildungsaufwand auch zu einem besonderen Erfolgserlebnis, z. B. dann, wenn sich Ihre Mitarbeiterin, die normalerweise ans Telefon geht, dafür bedankt, durch eine entsprechende Weiterbildung zu verstehen, wie man mit verärgerten Kunden umgeht, oder wie glücklich ein Mitarbeiter sein kann, dem als Studienabbrecher durch seinen Arbeitgeber zu einem Bachelorabschluss verholfen wurde.

Aber machen Sie nicht den Fehler, alle Mitarbeiter zum gleichen Training zu schicken, nur um Ihr Gewissen zu beruhigen. Stellen Sie stattdessen zunächst fest, wer welche Weiterbildung braucht. Dreh- und Angelpunkt dafür ist das jährliche Mitarbeitergespräch mit Zielvereinbarungen [2], nicht nur, weil hier der individuelle Bedarf vereinbart wird, sondern auch, weil jeweils geprüft wird, ob der gute Vorsatz auch eingehalten wurde.

Eine weitere Frage, die in diesem Zusammenhang auftaucht, ist, ob die Zeiten für Weiterbildung vollständig oder wenigstens teilweise als bezahlte Arbeitszeit gelten. Ich meine ja, denn das ist ein Wettbewerbsfaktor um Mitarbeiter, auch wenn einige Unternehmen die Fahrzeiten zum Seminar als einzubringenden Beitrag der betreffenden Mitarbeiter verstehen. Ich denke, das sollte jedes Büro für sich entscheiden.

Nicht immer ist Weiterbildung mit Fahrzeiten verbunden, das gilt jedenfalls für Inhouse-Seminare. Dafür eignet sich beispielsweise das Thema Akquisition und Kommunikation, das alle Mitarbeiter gleichermaßen beherrschen sollten. Und besonders einfach umzusetzen ist Weiterbildung durch Lesen, nicht nur Fachliteratur, sondern auch Abhandlungen zum Thema „Das einzige, was stört, ist der Kunde" [8] oder „Die kundenfeindliche Gesellschaft" [9]. Diesen Vorschlag mache ich meinen Seminaristen zur Pflichtaufgabe. Aus meiner Sicht ist es nicht professionell, wenn der Projektleiter, der für ein aufwendiges Projekt verantwortlich ist, nicht weiß, wie hoch der Umsatz seines Unternehmens ist oder wie der Projektstundenanteil ermittelt wird. Auch Ingenieure und Techniker in einem Planungsbüro sollten über die Grundkenntnisse der Betriebswirtschaft verfügen. Deshalb schlage ich folgendes Weiterbildungsprogramm vor:

- Fachliche Fortbildung
- Betriebswirtschaftliche Grundkenntnisse
- Controlling im Planungsbüro
- Individuelle Zusatzqualifikation
- Akquisition und Kommunikation für alle
- Inhouse-Workshop „Wer sind wir, was können wir, wohin wollen wir?".

4.5 Kommunikation und Kooperation

Was heißt eigentlich ‚Kommunikation', ein Begriff, mit dem wir so oft konfrontiert werden? Es gibt viele Definitionen, ich glaube, am besten passt hier die Aussage vom ‚Verständnis untereinander'. Daraus kann man dann auch den Unterschied von verbaler und nonverbaler Kommunikation ableiten. Mir geht es nicht um eine wissenschaftliche Erklärung, sondern um richtige Verhaltensweisen. In meinem Buch „Wirtschaftliche Unternehmensführung im Architektur- und

Ingenieurbüro" [3] habe ich das so beschrieben: Richtig schreiben, richtig telefonieren, richtig präsentieren, richtig fragen und richtig zuhören.

Ein wichtiger Unterschied besteht auch in der internen und der externen Kommunikation. Wahrscheinlich haben Sie auch schon einmal den Ausspruch gehört,
dass das Verhalten der Mitarbeiter (positiv oder negativ) direkt auf das Empfinden der Kunden ausstrahlt. So bewirkt ein freundlicher Kollege am Telefon auch
für die übrigen Mitarbeiter des Büros ein positives Image. Während die Nichtein-
haltung eines zugesagten Rückrufs oder die Nichterreichbarkeit am Freitagnach-
mittag nicht gerade einen positiven Eindruck für das Büro vermitteln.

Manche meinen, das seien doch Kleinigkeiten, aber das stimmt nicht: Sie
haben Einfluss auf die Unternehmenskultur, in der sich das Unternehmen über das
äußere Erscheinungsbild positiv empfinden möchte. Eine weitere Notwendigkeit
besteht inzwischen auch darin, dass die Mitarbeiter die neuen Kommunikations-
techniken beherrschen. Das wiederum hat Einfluss auf die Kooperationsfähigkeit,
über die wir gleich noch sprechen werden.

Das wichtigste Instrument für die aktive Kommunikation ist inzwischen das
Internet geworden. Auch das funktioniert nicht von allein. Es gibt viele posi-
tive Beispiele, die den eigentlichen Zweck des Internets erfüllen, nämlich z. B.
von potenziellen Auftraggebern gefunden zu werden. Aber es werden auch viele
Fehler gemacht, insbesondere durch die nicht stattfindende Aktualisierung von
Informationen zum Unternehmen.

Und schließlich ist die Fähigkeit zur Kommunikation eine wichtige Voraus-
setzung für die Zusammenarbeit mit Dritten. Das wiederum wird in Zukunft
auch bei den Planungsbüros öfter vorkommen. Durch den Zusammenschluss
mehrerer Fachpartner kann ein großer Auftrag zustande kommen, den einer
allein nicht umsetzen und auch gar nicht erst akquirieren könnte. Das ist m. E.
der hauptsächliche Sinn einer (Fach-)Partnerschaft. Eine solche kann sogar
bewirken, dass der kleinere jüngere Partner mit dem älteren größeren allmählich
zusammenwächst. Das ist ein interessanter Prozess, den ich in einem konkreten
Fall über einen längeren Zeitraum begleiten konnte.

Dabei ist entscheidend, dass auch die Mitarbeiter auf diesem Weg mit-
genommen werden, denn sonst funktioniert das nicht und auch das habe ich
miterlebt in einem Fall. Dort passte zwar das fachliche Wissen der beiden Par-
teien für einen Zusammenschluss gut, nicht aber die Bereitschaft der Mitarbeiter,
die davon zunächst auch gar nichts wussten, sondern vor vollendete Tatsachen
gestellt wurden. In Zukunft wird es außerdem öfter passieren, dass ein Mitarbeiter als Projektleiter mit Kollegen aus einem anderen Büro zusammenarbeitet,
ohne dessen Vorgesetzter zu sein. Auch dafür bedarf es einer entsprechenden
Fortbildung und auch dieses Beispiel zeigt, dass normalerweise die rechtliche

und wirtschaftliche Selbstständigkeit der Partner nicht aufgegeben werden muss. Das wäre lediglich bei einer Fusion der Fall, die aber bei den Planungsbüros viel seltener vorkommt als bei den Konzernunternehmen. Dagegen kommt es auch bei den Planungsbüros vor, dass ein Joint Venture gegründet wird, in das beide Partner zu gleichen Anteilen eintreten. Anlass dafür ist oft ein neuer Standort im Ausland mit einem dortigen Fachpartner, wobei auch ein Mitarbeiter des hiesigen Büros eine neue Chance als dortiger Geschäftsführer bekommt. Bei abhängigen Filialen besteht hingegen die Gefahr, dass die Aufgaben und Zuständigkeiten nicht klar geregelt sind und die Außenstellen auch nicht in das Netzwerk des Unternehmens eingebunden werden. Die dortigen Mitarbeiter empfinden sich deshalb als Außenseiter. Auch Freie Mitarbeiter, die als Selbstständige im Unterauftrag des Büros für viele Planungsbüros tätig werden, sollten besser an die Hand genommen werden, ohne dass sie ihre Selbstständigkeit verlieren.

Eine besondere Form der Zusammenarbeit taucht immer öfter in den Fachmedien auf: Building Information Modeling (BIM). BIM ist ein auf einem 3D-Modell basierender Prozess, der Architekten, Ingenieure und Ausführende bei der Planung und beim Betrieb von Bauwerken unterstützt und die unterschiedlichen Bereiche zusammenführt Kommunikations- und Kooperationsfähigkeit wird in Zukunft immer wichtiger werden als reines Fachwissen.

4.6   Mitarbeiter als Mitunternehmer

Wahrscheinlich haben Sie auch schon mal den Ausdruck „Bindekraft" für eine Organisation, eine Partei oder ein Unternehmen gehört. Das ist zwar ein neuer Begriff, aber inhaltlich hat sich nichts geändert. Man möchte durch personalpolitische Maßnahmen erreichen, dass ein (guter) Mitarbeiter das Unternehmen nicht schon bald wieder verlässt. Was kann ein Planungsbüro dafür tun?

Zunächst ist festzustellen, dass die Planungsbüros mehr Möglichkeiten haben, den Wunsch nach unternehmerischer Verantwortung zu erfüllen als große Konzerne. Das kann man auch deutlich aus den Personal-Anzeigen in den Fachzeitschriften ablesen. Leider ist der Wunsch nach unternehmerischer Verantwortung unter den Mitarbeitern und potenziellen neuen Mitarbeitern oft wenig vertreten. Wahrscheinlich liegt das zum Teil auch daran, dass Mitarbeiter als Unternehmer in den deutschen Unternehmen bisher keine Rolle spielen. Fehler machen beide, der Senior, weil er den Schwiegersohn ohne Bewährung direkt als Partner übernimmt, und der Junior, weil er glaubt, er müsse jetzt weniger arbeiten als früher. Mehr kommt es vor, dass junge Architekten und Ingenieure sich selbstständig machen, wobei sie natürlich auch das unternehmerische Risiko tragen.

Positiv zu verzeichnen ist jedoch, dass inzwischen mehr Büro-Partnerschaften in jüngeren Jahren zustande kommen. Der Anteil derjenigen Büros, die nur einen Inhaber haben, geht zurück. Damit kommen mehr Mitarbeiter, die nicht zuerst an Work-Life-Balance denken, in unternehmerische Verantwortung und sorgen dafür, dass das Unternehmen des Seniors weiter existieren kann, auch wenn der nicht mehr da ist. Dieser Entwicklungsprozess vollzieht sich meist in der Form, dass potenzielle Mitunternehmer bereits längere Zeit vor diesem Schritt in diesem Unternehmen einsteigen und dann zunächst Minderheitspartner werden. Denn wer sich mit seinem eigenen Kapital an einem Unternehmen beteiligt, wird kaum woanders hingehen. Ich glaube, dass diese Entwicklung in Zukunft eher wahrscheinlich wird als die entgegengesetzte. Aufgrund eines speziellen Arbeitskreises der Bayerischen Ingenieurekammer [10] kann es aber auch sein, dass die Freiberufler-Struktur in unserem Land durch eine Konzern-Struktur ersetzt wird – mit Investoren und vielen Angestellten. So würde also eine Situation entstehen, wie sie heute bereits in den skandinavischen Ländern, Frankreich und England existiert, u. a. deshalb, weil ein solches Unternehmen ein umfangreicheres Leistungsspektrum anbieten kann als ein Zusammenschluss mehrerer Fachbüros. Warten wir es ab.

Zu Bindekraft, um noch einmal auf diesen Begriff zurückzukommen, führt also auch der Besitz eines kleinen Anteils am Unternehmen. Dafür eignet sich besser als die Rechtsform einer GmbH diejenige der kleinen AG. Das wird jedoch staatlich wenig gefördert. Wenn Sie auch eine Beteiligung Ihrer Mitarbeiter anstreben, dann können Sie sich beim Bundesverband Mitarbeiterbeteiligung (BABG) u. a. auch darüber informieren, wie man eine Beteiligung der Mitarbeiter am eventuellen Verlust vermeiden kann.

Ausblick 5

Unsere Gesellschaft braucht Architekten und Ingenieure, die mit ihren Ideen dazu beitragen, die aktuellen Wohnungs-, Verkehrs- und Umweltprobleme zu lösen. Für die Planungsbüros verschafft der damit verbundene Wandel am Arbeitsmarkt eine bessere Wettbewerbsposition, um talentierte Mitarbeiter gegenüber den großen Unternehmen zu gewinnen. Diese bieten zwar höhere Gehälter, bessere Vorsorgesysteme und oft auch attraktivere Weiterbildungsprogramme. Dem setzen die Planungsbüros aber entgegen, familiär, kollegial, flexibel, sozial, und weniger anfällig für Fusionen zu sein, also das, was insbesondere jüngere Mitarbeiter wollen.

Neue, bisher unerschlossene Zielgruppen für das Personalmanagement tauchen auf. Das müssen die Planungsbüros genauso erkennen, wie die Gefahr einer Abwerbung eigener Leute aufgrund des Fachkräftemangels. Deshalb sollten die individuellen Möglichkeiten in Geschlossenheit mit den Kammern und Verbänden stärker ausgelobt werden.

Bedenken müssen die Planungsbüros dabei auch, dass sie ihre Mitarbeiter in eine neue Marktsituation mitnehmen müssen. Es geht jetzt um Herausforderungen zur Gestaltung unserer Städte und Vorstädte. Wie kann man das Wohnungsproblem und die Verkehrsprobleme angehen? Sollen etwa das ‚Minihaus' mit 50 qm für das Wohnen oder die Extra-Fahrspur für den öffentlichen Personennahverkehr wirklich eine Chance für die Zukunft sein? Das glaube ich eher nicht. Wahrscheinlich hat der Schweizer Architekt Jaques Herzog recht, wenn er anregt, junge Architekten sollten sich in Zukunft auf andere Art engagieren, indem sie sich wieder mehr mit bestehenden Strukturen beschäftigen.

Oder schauen Sie in Ihre Tageszeitung. Fast jeden Tag wird über ein Stadtviertel berichtet, das mit ehrenamtlicher Hilfe der dort wohnenden Menschen den eigenen Lebensraum attraktiver machen möchte und fast immer geht es dabei um die Bebauung sowie den Verkehr einschließlich der Parkmöglichkeiten. Sie alle warten auf die Architekten und Ingenieure und deren Vorschläge.

© Springer Fachmedien Wiesbaden GmbH, ein Teil von Springer Nature 2019   29
D. Goldammer, *Personalmanagement in Zeiten des Fachkräftemangels*,
essentials, https://doi.org/10.1007/978-3-658-27371-2_5

Den Inhabern und Partnern der Planungsbüros wünsche ich, dass sie ihre neuen Wettbewerbschancen am Arbeitsmarkt nutzen. Und den jüngeren Architekten sowie Ingenieuren empfehle ich: Schauen Sie ins Internet, was ihnen dort online an Stellenausschreibungen geboten wird.

Was Sie aus diesem *essential* mitnehmen können

- Anregungen für den Auftritt Ihrer Firma im Internet
- Hinweise zu aktuellen Anpassungen der Mitarbeiterführung an moderne Arbeitsbedingungen
- Informationen zur Nutzung Ihrer Wettbewerbsvorteile auf dem Arbeitsmarkt gegenüber großen Unternehmen
- Tipps zur Mitarbeiterbindung

© Springer Fachmedien Wiesbaden GmbH, ein Teil von Springer Nature 2019   31
D. Goldammer, *Personalmanagement in Zeiten des Fachkräftemangels,*
essentials, https://doi.org/10.1007/978-3-658-27371-2

Literatur

1. Kernweiß T (2019) Wie es uns gefällt. Der Spiegel, Nr. 2
2. Goldammer D (2017) Betriebswirtschaft für Architekten und Bauingenieure, 2. Aufl. Springer Vieweg, Wiesbaden
3. Goldammer D (2019) Wirtschaftliche Unternehmensführung im Architektur- und Ingenieurbüro, 2. Aufl. Springer Vieweg, Wiesbaden
4. Herzog J (2019) Berlin ist so angenehm mangelhaft. Der Spiegel, Nr. 2
5. Deckstein D, Müller MU (2019) Wie Eurowings mit den Reiseportalen konkurrieren will. Der Spiegel, Nr. 9
6. Albustin C (2019) Trend Homeoffice: Rechte und Pflichten für das Arbeiten in den eigenen vier Wänden. Rheinische Post 09(03):2019
7. Goldammer D (2011) Organisation der Nachfolge im Architektur- und Ingenieurbüro. Bundesanzeiger/Fraunhofer IRB Verlag, Köln
8. Geffroy EK (2005) Das einzige, was stört, ist der Kunde. Redline Verlag, München
9. Tominaga M (1998) Die kundenfeindliche Gesellschaft. ECON Verlag, Düsseldorf
10. Hennecke M (2019) Womit muss die Branche künftig rechnen? DIB Heft Nr. 4, Schiele & Schön, Berlin

© Springer Fachmedien Wiesbaden GmbH, ein Teil von Springer Nature 2019

D. Goldammer, *Personalmanagement in Zeiten des Fachkräftemangels,*
essentials, https://doi.org/10.1007/978-3-658-27371-2